CHEMIN DE FER
DE PARIS À LA MER.

CHEMIN DE FER

DE PARIS À LA MER.

FAITS.

Le 16 février 1838, le Ministre du commerce présenta à la Chambre
des Députés le projet de loi pour l'exécution des Chemins de fer par
l'État.

Le ministère déduisit alors toutes les considérations d'intérêt public
qui lui avaient fait préférer la ligne des plateaux à la ligne de la
vallée.

Dans la discussion, le ministère essaya vainement de faire prévaloir
son système ; il échoua également dans toutes ses tentatives pour faire
accepter le système mixte de l'exécution par l'État et par les Compagnies ; le 12 mai, la Chambre rejeta le projet du Gouvernement.

Le vote de la Chambre décida implicitement l'exécution des Chemins
de fer par les Compagnies.

Cependant l'opinion publique réclamait vivement l'exécution d'au
moins deux grandes lignes : celles de Paris à la mer, et de Paris à Orléans.

C'est sous l'influence de ces faits qu'une Société en commandite s'est
constituée pour solliciter du Gouvernement la concession du Chemin
de fer de Paris à la mer par les plateaux, en prenant pour base les
études et les devis faits par le Gouvernement, et tous les éléments pro-
duits par les discussions législatives en 1835 et 1838. (1)

---

(1) Le 3 avril 1835, M. Thiers, Ministre de l'intérieur et des travaux publics,
affirmait que le Chemin de fer de Paris à la mer par Rouen, le Havre et Dieppe,
ne coûterait pas plus de 60 millions.

Le 26 mai 1838, le Ministre du commerce présente à la Chambre des Députés la loi de concession demandée par la Compagnie des plateaux.

Le 16 juin s'ouvre la discussion. M. Billault conteste l'exactitude des devis ; il affirme que le mètre cube de terrassement *coûtera plus de deux francs*.

Le directeur-général des ponts et chaussées combat les observations de M. Billault, et soutient l'exactitude des évaluations de l'Administration.

Le 16 juin, la Chambre des Députés adopte le projet de loi. Il est adopté le 5 juillet par la Chambre des Pairs.

Du 14 au 25 juillet, la Compagnie en commandite nomme ses ingénieurs, et les répartit sur tous les points de la ligne pour faire les études et les devis d'exécution.

Elle achète 6,424 toises de terrain pour la station de Paris.

Le 13 août, une ordonnance royale approuve les statuts de la Société anonyme.

Le 18 septembre, la Société passe un marché en Angleterre pour l'achat de onze machines locomotives, qui, à la date du 13 octobre, est suivi d'un autre marché de quatre machines.

Le 1er octobre, elle achète 2,993 toises de terrain pour la station de Paris.

Dès le 12 octobre, la Compagnie adresse au Préfet de la Seine les plans, les profils et les états parcellaires de la partie comprise dans l'intérieur de Paris.

Le 20 décembre, la Compagnie adresse au Préfet de la Seine les plans, les profils, les états parcellaires de la partie du Chemin située sur toutes les communes du département de la Seine.

Le 21 janvier, la Compagnie adresse au Préfet de Seine-et-Oise tous les plans, les profils et les états parcellaires des communes de Deuil, Soisy, Eaubonne et Ermont.

Ces documents avaient pour but d'obtenir les arrêtés d'autorisation tendant à exproprier pour cause d'utilité publique, formalités indispensables, sans lesquelles la Compagnie n'a pû commencer ses travaux, et qu'elle n'a pu jusqu'à présent obtenir de l'Administration, malgré ses instances réitérées, ainsi qu'elle en peut justifier par ses lettres d'envoi et de rappel, en date des 12 octobre, 20 décembre 1838, 2, 17 et 21 janvier, et 11 juin 1839.

Cependant, à peine la Compagnie avait-elle été définitivement constituée, que le cours de ses actions, qui d'abord s'était élevé jusqu'à 60 fr. de prime, tombait au-dessous du pair, et que la réalisation de son capital de 90 millions devenait douteuse, quoiqu'à l'origine elle eût recueilli pour plus de 300 *millions* de souscriptions.

Quelles étaient les causes de ce changement dans les dispositions du public ?

Pourquoi la confiance qui avait accueilli le début de cette entreprise, fut-elle immédiatement remplacée par un découragement qui en rendait l'exécution problématique ?

A l'époque où la Chambre rejetait l'exécution des Chemins de fer par l'État, les actions des Compagnies existantes avaient éprouvé une grande hausse : celles de la Compagnie de Saint-Germain s'étaient élevées de 500 fr. à 1,075 fr.; celles de Versailles, rive droite, à 865, et celles de Versailles, rive gauche, à 745.

Lorsque les lois de concession des Chemins de Paris à la mer et de Paris à Orléans furent présentées à la Chambre, ce mouvement ascensionnel s'arrêta, et après le vote de ces lois une baisse rapide reporta le cours des actions de Saint-Germain à . . . . 800 fr.

    —   de Versailles, rive droite à 745

    —   de Versailles, rive gauche à 590

Il était évident que la spéculation s'effrayait de la surabondance de ces actions, et qu'en même temps les capitaux flottants ne suffisaient plus aux exigences de ces entreprises.

Bientôt les embarras de la rive gauche, révélés dans l'assemblée générale des actionnaires, vint accroître le discrédit. Il fut reconnu alors que les Chemins des environs de Paris coûteraient quatre fois plus qu'ils n'avaient été évalués par l'Administration, et les actionnaires des nouvelles Compagnies s'alarmaient en pensant que les dépenses du Chemin de Paris à la mer suivraient les mêmes proportions.

Sans se livrer à l'exagération de ces craintes, les administrateurs de la Compagnie sentirent néanmoins que l'achèvement de l'entreprise était compromis et qu'il y aurait péril à engager davantage les capitaux qui leur avaient été confiés.

Les études n'étant pas alors achevées, la Compagnie ne pouvait se rendre un compte exact de la dépense réelle; mais elle ne pouvait rester inactive dans de pareilles conjonctures : elle formula ses premières réclamations. Le devis du Gouvernement lui servit de base pour établir la nature et la quantité des travaux. Elle leur appliqua des prix qu'elle tira de l'expérience des autres travaux du même genre. Elle arriva ainsi à une évaluation provisoire de 157,846,691 fr., tandis que les devis des ponts et chaussées ne la fixaient qu'à 80,183,914 fr.

Ainsi, d'une part, le capital social de 90 millions devenait insuffisant, et, de l'autre, le discrédit général rendait impossible la réalisation du capital souscrit.

Dès le mois de janvier, la Compagnie avait formulé ses réclamations. Elle demandait : 1°. le fractionnement de l'entreprise en trois parties;

2°. L'autorisation de payer 4 pour 100 à ses actionnaires pendant la durée de ses travaux;

3°. La garantie par l'État d'un minimum d'intérêt de 3 pour 100, plus 1 pour 100 d'amortissement pendant quarante-six ans;

4°. Des modifications au cahier des charges en ce qui touchait les travaux d'art et les tarifs.

A ces conditions, la Compagnie ne désespérait pas du succès de son entreprise.

Le Gouvernement a donc été saisi des réclamations de la Compagnie. Il ne nous appartient pas de retracer les causes qui ont empêché le Gouvernement de se livrer à leur examen. Il nous suffit de rappeler que ces causes tiennent à une crise ministérielle et politique qui a encore aggravé la situation de toutes les entreprises industrielles.

Sous le ministère intérimaire, auprès duquel la Compagnie avait reproduit ses réclamations, le Ministre de l'intérieur et du commerce offrit à la Compagnie de présenter à la Chambre un projet de loi qui autorisât la liquidation avec restitution du cautionnement : la Compagnie ne pouvait accepter cette proposition. Elle a soumissionné le Chemin avec la ferme volonté de le faire; elle ne pouvait y renoncer qu'en cas d'impossibilité absolue : elle persista à demander qu'il fût statué sur ses réclamations.

Dès que le ministère du 12 mai fut constitué, le Ministre des travaux publics, reconnaissant l'impossibilité dans laquelle se trouvait la Compagnie d'exécuter le Chemin dans toutes ses parties, lui fit observer que l'état avancé de la session ne permettait pas qu'il fût apporté un remède complet aux embarras des entreprises de Chemins de fer; et pour preuve de la sollicitude du Gouvernement, le Ministre proposa à la Compagnie les modifications qui font l'objet du projet de loi présenté à la Chambre.

Quelque incomplètes que fussent ces modifications, et quoique la situation provisoire dans laquelle elles plaçaient la Compagnie ne lui offrit d'autre avantage que d'être relevée de la clause pénale de la folle enchère, la Compagnie avait tellement à cœur de procéder à l'exécution de ses travaux, dès qu'elle pourrait le faire avec sécurité, qu'elle accepta les propositions de M. le Ministre des travaux publics.

Voilà l'exposé succinct des faits qui ont précédé la présentation du projet de loi.

DISCUSSION

DU RAPPORT DE LA COMMISSION

DE LA CHAMBRE DES DÉPUTÉS.

Les objections présentées par le Rapporteur sont de deux natures : les unes, à proprement parler, toutes personnelles ; les autres, et ce sont celles sur lesquelles il appuie avec le moins de force, s'adressent au projet lui-même.

Ainsi le rapport reproduit, par voie d'insinuation qui déguise mal les attaques les plus directes contre la Compagnie, les imputations fâcheuses auxquelles elle a été en butte dans la discussion des bureaux.

« La Compagnie n'a jamais eu en vue l'exécution sincère et sérieuse « de son contrat.

« La Compagnie, ou plutôt les fondateurs, n'ont voulu qu'exploiter « à leur profit et par une spéculation d'actions l'influence de leurs « noms sur la Bourse. »

Si ces accusations ne sont pas nettement formulées, elles se retrouvent dans l'affectation avec laquelle le Rapporteur revient à diverses reprises sur l'impuissance des grands *noms financiers dont la Compagnie invoquait l'an dernier la magie, et qui cependant ne l'ont pas relevée de son impuissance, puisqu'à peine entrée dans la carrière elle a suspendu ses travaux. Il ne faut pas exclusivement compter sur l'influence des gros capitalistes* POUR RÉPARTIR ET PLACER PROMPTEMENT ENTRE LES MAINS DÉFINITIVES QUI DOIVENT LES CONSERVER, DES MIL-LIONS DONT ILS SE SONT FAITS SOUSCRIPTEURS PROVISOIRES ; *mais cela n'est ni dangereux ni même inutile à savoir pour l'esprit d'association ;* IL EST BON QUE L'ON CONNAISSE LA VÉRITABLE IMPORTANCE POUR LUI DE CES GRANDES FORCES APPARENTES. *En demandant au Gouvernement le concours de son crédit, elles ont confessé leur impuissance personnelle à rétablir celui des Compagnies concessionnaires quand il*

est ébranlé ; et cet aveu démontre qu'elles ne sont pas, pour l'associa-
tion des capitaux, des intermédiaires aussi nécessaires que beaucoup
de bons esprits l'avaient d'abord pensé.

Il est évident que c'est sur ces *grands noms financiers* que l'on veut faire retomber toute la responsabilité d'une situation amenée par un concours de mécomptes et d'erreurs qui, en bonne justice, peuvent être aussi bien attribués au Gouvernement, aux Chambres, au public lui-même qu'aux fondateurs de l'entreprise.

On leur fait un reproche d'avoir souscrit pour vingt millions d'actions, et l'année dernière on regardait cette souscription comme une garantie de leur participation sérieuse à l'entreprise.

On insinue qu'ils n'ont eu en vue qu'une spéculation d'actions, et l'on ne dit pas que toutes ces actions n'ont pas cessé d'être et sont encore dans la caisse de la Compagnie, ainsi qu'il a été offert d'en justifier à MM. les membres de la Commission qui seraient délégués à cet effet.

On prétend que c'est pour se procurer plus facilement des souscriptions que les fondateurs de la Société ont limité à 25 pour 100 les versements obligés par les souscripteurs primitifs; la souscription a été fermée le 25 mai ; elle avait été ouverte dans les conditions du droit commun; chaque souscripteur était par conséquent responsable de l'intégralité de sa souscription. Ce n'est que du 6 juillet au 12 août que la garantie a été restreinte à 25 pour 100.

On reproche à la Compagnie d'avoir accepté les devis et les études avec trop de légèreté; on appuie ces reproches sur la controverse qui s'est produite à la tribune à ce sujet; mais pour être juste il faut reconnaitre que les hommes spéciaux placés à la tête de l'Administration sont venus, pièces en mains, soutenir ces devis, et contredire les allégations opposées. (*Moniteurs* des 5 avril 1835 et 16 juin 1838.)

Si la Compagnie n'avait pas cru à l'exactitude des devis, elle se serait constituée sur un plus fort capital; rien ne l'en empêchait, puisqu'elle avait pour plus de 300 millions de souscriptions.

« *L'impossibilité actuelle de réaliser son capital a paralysé la Com-*
« *pagnie ; à peine entrée dans la carrière, elle a immédiatement sus-*
« *pendu ses travaux.* »

Les actes de la Compagnie, que nous avons sommairement énoncés, répondent à ce reproche.

Les études les plus sérieuses et les plus complètes sont aujourd'hui terminées, après dix mois d'un travail non interrompu.

Les plans parcellaires sont dressés sur une étendue de vingt-cinq lieues de Paris à Charleval, et prêts à être livrés aux enquêtes.

Les enquêtes ont été ouvertes et terminées dans huit communes des départements de la Seine et de Seine-et-Oise, de Paris à Ermont.

Le 16 octobre dernier, l'enquête avait été ouverte, pour la station de Paris, à la mairie du troisième arrondissement. Le 28 décembre, elle a été ouverte à La Chapelle, à Saint-Denis et à Épinay.

Le 9 février, elle a été ouverte dans les communes de Deuil, Soisy, Eaubonne et Ermont.

A la suite des enquêtes, les Commissions instituées par l'article 8 de la loi du 16 juillet 1838 se sont réunies à Paris, à Saint-Denis et à Pontoise, et ont dressé procès-verbal de leurs opérations après avoir entendu les agents et les ingénieurs de la Compagnie.

La Compagnie a vivement et vainement sollicité les arrêtés administratifs qui devaient intervenir après l'accomplissement de ces formalités, à l'effet de déterminer les propriétés soumises à l'expropriation. Malgré de nombreuses démarches dans les bureaux, et plusieurs lettres adressées tant aux Préfets de la Seine et de Seine-et-Oise qu'au Ministre du commerce, sous les dates précitées, la Compagnie n'a pu encore obtenir aucun de ces arrêtés exigés par la loi.

Ce retard inexplicable a paralysé la Compagnie, et ne lui aurait permis dans aucun cas de continuer ses travaux ; il lui a causé un grave préjudice, en l'obligeant à payer 50,000 francs de droits d'enregistrement pour les propriétés qu'elle a achetées.

La Compagnie est, en mesure, dès qu'elle aura obtenu les arrêtés administratifs, d'acheter le surplus des terrains nécessaires à l'établissement du Chemin de fer de Paris à Pontoise. L'estimation en a été faite parcelle par parcelle, et consignée dans plus de deux mille procès-verbaux signés par les estimateurs.

Tous les actes de la Compagnie prouvent une intention sérieuse d'exécution ; elle ne s'est arrêtée que devant l'impossibilité résultant du défaut d'autorisation administrative et de l'insuffisance et de la non-réalisation du fonds social. Elle n'a cédé qu'à la crainte de compromettre les capitaux qui lui étaient confiés, et d'encourir la déchéance par l'inachèvement de ses travaux. Cette inertie que l'on reproche si vivement à la Compagnie n'était qu'un acte de bonne administration, que l'accomplissement d'un devoir envers les actionnaires, devoir qu'il n'était pas possible de méconnaître après l'exemple de la rive gauche.

On accuse la Compagnie d'avoir poussé la prudence jusqu'à l'excès. On lui oppose l'exemple de la Compagnie d'Orléans, *qui s'est mise vigoureusement à l'œuvre*, et a donné incontestablement des gages d'une plus ferme volonté d'exécution.

La Compagnie d'Orléans avait élevé son fonds social à 40 millions, au double des évaluations des devis de l'Administration. Les huit banquiers fondateurs n'avaient pas ouvert de souscription avant la concession, et, en outre, par un Prospectus publié après l'ordonnance royale, ils avaient déclaré que le fonds social était entièrement souscrit, et annoncé l'émission d'actions à prime pour une partie du capital.

Avec ces précédents, la Compagnie d'Orléans ne pouvait, comme celle de Paris à la mer, motiver la suspension de ses travaux par l'insuffisance et la non-réalisation de son capital, puisque, d'une part, le fonds social s'élevait au double de l'évaluation des devis, et que, de l'autre, le capital entier avait été souscrit par les fondateurs; en outre, l'administration de cette Compagnie n'avait pas de responsabilité à encourir envers ses actionnaires, puisque le Conseil d'administration lui-même était propriétaire de presque toutes les actions.

Cette inertie, tant reprochée à la Compagnie de Paris à la mer, il n'a pas tenu à elle qu'elle ne cessât promptement. Dès qu'elle a connu les embarras de sa situation, elle s'est efforcée d'en trouver le remède; dès qu'elle a été fixée sur les modifications et sur les secours indispensables à l'exécution de ses travaux, elle s'est adressée au Gouvernement. Ce n'est pas la faute de la Compagnie si des réclamations auxquelles on eût pu faire droit dès le commencement de la session ne peuvent être soumises cette année à la discussion des Chambres.

Si la Compagnie avait eu une intention prononcée de liquidation,

elle eût accepté les propositions du ministère intérimaire du 1er avril.
Si la Compagnie n'eût pas voulu sérieusement et sincèrement l'exécution du Chemin de fer, elle n'eût pas dépensé près de deux millions en
acquisitions qu'elle a faites, sans avoir pu jusqu'aujourd'hui obtenir
un seul arrêté d'autorisation administrative ; elle eût refusé la situation
provisoire dans laquelle la place le projet de loi présenté par le Ministre
des travaux publics ; elle eût insisté pour qu'il statuât sur ses réclamations ; elle eût profité de l'impossibilité qu'il lui opposait pour
réclamer la liquidation ; elle n'eût pas consenti à cette faculté de
rachat par l'État du Chemin de Pontoise, qui assure à l'État tous les
avantages de cette exécution partielle, en laissant à la Compagnie toutes
les éventualités défavorables.

On accuse encore les fondateurs de la Compagnie d'avoir, par
l'influence de leurs noms, fait écarter les propositions de la Compagnie de la vallée. Quand la Compagnie s'est présentée, elle n'avait
pas de concurrents ; le projet de la vallée avait été mis hors de concours
dès le 16 février 1838, lorsque la Compagnie n'existait pas encore,
et que le Gouvernement demandait à la Chambre l'exécution des
Chemins de fer par l'État. Nous l'avons déjà dit, ce sont des considérations d'intérêt public qui ont déterminé la préférence de la ligne
des plateaux à celle de la vallée ; cette question a été discutée par le
Conseil des ponts et chaussées à une époque où l'Administration pensait
que l'exécution lui serait confiée, et où elle pouvait choisir entre les
deux lignes ; si elle eût pensé que la ligne de la vallée valait mieux,
rien n'empêchait qu'elle la choisît. Ce n'est donc pas la Compagnie
qui a fait le choix ; elle ne s'est décidée que d'après les motifs du
Gouvernement et sur les sollicitations des députations du Havre et de
Dieppe, et des populations du littoral.

Nous allons maintenant passer à la réfutation des objections de
M. le Rapporteur qui s'appliquent plus spécialement au projet de loi.

« D'après l'exposé des motifs *le projet de loi n'engage pas l'avenir.* »

D'après le rapport le projet de loi engage l'avenir, p. 17, 19 et 23.

En plusieurs points de son travail M. le Rapporteur exprime la pen-
sée qu'un des inconvénients du projet de loi est d'engager l'avenir, de
mettre le Gouvernement dans la dépendance de la Compagnie, de créer

pour elle une préférence, d'empêcher même toute concurrence ul-
térieure, etc.

Ces allégations se trouvent principalement :

PAGE 17. — « Pourquoi se lier d'avance? »

PAGE 19. — « La Compagnie sera maîtresse des nouvelles condi-
« tions. »

PAGE 23. — « Si, d'ici à la session prochaine, il se présentait d'au-
« tres Compagnies qui offrissent de meilleures stipulations, des en-
« gagements plus avantageux, l'État se serait à l'avance lié les mains,
« il ne pourrait traiter avec elles. »

Toute cette argumentation repose à faux, parce qu'elle oublie la
faculté de rachat stipulée en faveur de l'État.

L'État n'est nullement engagé ; il laissera à la Compagnie ou lui
rachètera le chemin de Pontoise, suivant qu'il le jugera convenable.

Toutes les concurrences peuvent se présenter pour la continuation
de la ligne, et s'il se trouve une Compagnie qui fasse de meilleures
conditions que la Compagnie actuelle, si même aucune Compagnie ne
se présentant, l'État ne veut pas accorder à la Compagnie actuelle les
secours nécessaires, il sera libre de la déposséder ou d'attendre des
temps meilleurs.

Certes, la concurrence la plus entière est assurée.

Il est bon même d'observer que si la loi est rejetée, la Compagnie,
ne pouvant subsister jusqu'à l'année prochaine, se retire et diminue
la concurrence, tandis que, la loi accordée, elle reste sans écarter aucune concurrence.

Dans plusieurs parties de son rapport la Commission s'est préoc-
cupée des difficultés que présenterait l'exécution du rachat :

PAGE 18. — *Si on rachète en cours d'exécution, on ne pourra arrêter les travaux, et s'il ne se trouve pas de Compagnie prête il faudra
que l'État continue par lui-même.*

PAGE 22. — *Si on rachète seulement après achèvement ..... c'est
au moins trois ans pendant lesquels tout, quant au prolongement,
reste suspendu. Quel contrôle l'État aura-t-il pu exercer sur cette dépense..... si, voulant provisoirement exploiter une portion du Chemin, la Compagnie presse les travaux et les paie plus chers.*

Il sera convenable de fixer par un article de la loi, comme la Commission le propose pour Orléans, un délai dans lequel la Compagnie déclarera si, eu égard aux conditions qui lui sont faites et aux secours qui lui sont offerts, elle peut ou non continuer la ligne.

Si elle refuse cette continuation, l'État, à dater de cette déclaration et dans un délai déterminé, à fixer aussi par la loi, aura la faculté de racheter ; mais comme il sera maître de n'effectuer ce rachat que s'il le juge convenable et à l'époque qui lui paraîtra favorable, il est évident qu'il n'y a pas lieu de se préoccuper de ces difficultés. Si, par exemple, il se présente une Compagnie pour continuer, l'intérêt public sera peut-être de racheter immédiatement les travaux pour les livrer à cette Compagnie, quel que soit leur degré d'avancement ; si, au contraire, aucune Compagnie ne se présente, l'intérêt public sera probablement d'attendre pour ne racheter qu'après l'achèvement. Quant au réglement des dépenses, les intérêts de la Compagnie sont entre les mains de l'État, puisque ce réglement sera fait administrativement. D'ailleurs, la Compagnie pouvant rester propriétaire, son intérêt n'est-il pas de faire le mieux et le plus économiquement possible ?

Si, par extraordinaire, il y avait avant rachat un commencement d'exploitation, ce serait encore là un compte à régler par le conseil d'État.

PAGE 19. — *Le projet ne donne aucune garantie que le Chemin atteigne jamais aucun port de la Manche. Les protestations des Chambres de commerce de Rouen et d'Elbeuf témoignent à ce sujet de l'inquiétude des populations.*

PAGE 21. — *De quel œil l'actionnaire de Rouen, du Havre et de Dieppe, verrait-il une ligne de 80 lieues transformée en un tracé de 8, et les capitaux employés à des travaux qui s'arrêteraient à Pontoise ?*

Les intérêts de Rouen et d'Elbeuf ont toujours différé, dans la question du Chemin de fer, des intérêts du Havre et de Dieppe.

Rouen a toujours désiré le projet de la vallée, parce qu'il était un obstacle presque certain au prolongement du Chemin jusqu'au Havre. Or, le projet présenté étant un commencement d'exécution de la

(15)

ligne des plateaux, il est dans l'intérêt de Rouen de s'opposer à son exécution.

Le Havre et Dieppe doivent au contraire désirer l'exécution de la ligne des plateaux. A l'apparition du projet de loi, ces villes ont exprimé la crainte de voir leurs capitaux employés seulement à l'exécution d'un chemin de Paris à Pontoise. Mais mieux éclairés sur leurs vrais intérêts, le Havre et Dieppe ont déjà reconnu que la seule chance qui leur reste pour obtenir un chemin qui atteigne leurs ports, c'est l'adoption du projet présenté; ils comprennent que le rejet de ce projet dissout la Compagnie du Chemin de fer de Paris à la mer, dissémine 15 millions réunis pour commencer cette grande entreprise, et qu'après cette dissolution, il ne leur reste plus qu'un espoir très incertain de voir se reformer une nouvelle Compagnie.

PAGE 20. — *La loi concédant les conditions jugées nécessaires, doit évidemment, le jour où elle sera votée au bénéfice de la Compagnie, ayant des millions d'actions à la Bourse, donner lieu sur ces actions au plus fâcheux agiotage.*

On doit faire remarquer la confusion qui règne dans le rapport, dont l'argumentation s'applique tantôt au projet de loi actuellement en discussion, et tantôt au projet de loi annoncé et dont la discussion ne viendra que dans la prochaine session.

Cette confusion est d'autant plus malheureuse qu'elle empêche M. le Rapporteur de voir que le sort de la loi actuelle n'a aucune influence sur le sort de la loi future, et qu'au moyen de la faculté de rachat on ne contracte aucun lien envers la Compagnie en lui accordant un droit provisoire et limité.

La Chambre pourra donc, dans la session prochaine, examiner en toute liberté, et sans préoccupation d'engagements antérieurs, les avantages et les inconvénients de la loi qui sera alors proposée.

C'est alors que viendra la question d'agiotage. Il sera facile de prouver qu'une garantie d'intérêt de 3 pour 100 ne doit pas avoir pour effet de ramener les actions au pair, mais seulement d'assurer la rentrée du capital souscrit. L'agiotage s'alimente de l'incertitude des valeurs; il est d'autant plus ardent, d'autant plus fécond en catastrophes, que ces valeurs sont plus incertaines : la garantie d'intérêt, en limitant les chances,

atténue le jeu, bien loin de l'exciter. Cette garantie fait d'ailleurs
passer les actions des mains des joueurs dans celles des capitalistes sé-
rieux; elle permet de considérer ces actions comme des placements;
elle tarit par cela même la source de l'agiotage.

Mais il ne s'agit pas encore de traiter cette question; c'est sans aucun motif qu'elle a été introduite dans le rapport. On doit regretter
que M. le Rapporteur se soit abandonné gratuitement à de pareilles
prévisions sur la Compagnie du Chemin de fer de Paris à la mer; les
explications données dans le sein de la Commission auraient dû le
convaincre qu'elle ne les méritait pas.

Mais si M. Billault suppose l'agiotage comme effet de la loi future,
il ne peut pas supposer que cet agiotage soit la conséquence de la loi
actuellement proposée.

Il faut donc, au contraire, reconnaître que, pour le présent, le
Conseil d'administration manifeste un entier désintéressement.

Le Directeur-général par intérim,

LEBOBE.

2 juillet 1839.

OBSERVATIONS

SUR LA QUESTION D'ART.

Les ingénieurs de la Compagnie du Chemin de fer de Paris à la mer avaient présenté à la Commission de la Chambre des Députés quelques observations à l'appui du Mémoire soumis au Gouvernement par la Compagnie. Le rapport de cette Commission ne faisant aucune mention de ces observations, la Compagnie a pensé qu'il était utile de les reproduire afin d'éclairer la Chambre sur toutes les questions relatives à l'importante discussion qui va s'ouvrir.

Ces observations peuvent se diviser en quatre parties, savoir :

1°. Impossibilité de vérifier préalablement les devis de l'avant-projet.

2°. Insuffisance de ces devis.

3°. Devis des ingénieurs de la Compagnie.

4°. Considérations diverses.

§. Ier. *Impossibilité de vérifier les devis.*

M. le Rapporteur expose que la Compagnie ne peut arguer de l'inexactitude des devis, parce qu'avant de soumissionner le Chemin de fer de Paris à la mer, elle devait et pouvait vérifier toutes les évaluations de ces devis, et qu'en présentant sa soumission elle était censée s'être rendu compte de toutes les dépenses de l'entreprise. En droit rigoureux, cette assertion peut être exacte, elle est même souvent opposée aux entrepreneurs qui réclament contre les inexactitudes des devis qu'ils ont soumissionnés ; mais peut-on raisonnablement établir une similitude entre une entreprise de 80 lieues de Chemin de fer et l'entreprise d'un pont ou de tout autre ouvrage d'art isolé ?

La Compagnie devait avoir confiance dans les devis de l'un des ingénieurs les plus distingués du corps des ponts et chaussées ; elle n'avait d'ailleurs ni le temps ni les moyens de procéder à une vérification. C'est le 12 mai 1838 que la Chambre des Députés a rejeté le projet de loi par lequel le Gouvernement demandait l'autorisation d'exécuter lui-même les Chemins de fer ; la fin de la session était alors prochaine, et cependant le désir général était qu'afin d'éviter la perte d'une année, l'industrie demandât et obtînt, dans cette session même, la concession de quelques unes des grandes lignes : la loi de concession du Chemin de fer de Paris à la mer est intervenue le 6 juillet 1838, c'est-à-dire moins de deux mois après le rejet du système de l'exécution par l'État ; la Compagnie n'a donc pas eu deux mois pour s'organiser et étudier l'entreprise. Aussi n'a-t-elle fait que recevoir du Gouvernement le projet qu'il allait exécuter lui-même, et, pressée par le temps, qui ne lui permettait ni d'étudier elle-même les devis, ni de les faire étudier par des ingénieurs, elle n'a pu faire autrement que d'avoir confiance dans les évaluations de l'ingénieur auteur du projet et dans les solennelles affirmations du Gouvernement. La Compagnie, néanmoins, par un examen sommaire, avait bien pu apercevoir diverses causes d'insuffisance dans les devis, mais elle avait espéré que ces augmentations seraient compensées par des diminutions résultant de modifications importantes dans les tracés. Ces deux prévisions se sont réalisées, mais les augmentations surpassent de beaucoup les diminutions ; de sorte que le capital social s'est trouvé insuffisant, quoiqu'il ait été porté à 90 millions, le devis ne montant cependant qu'à 80.

Sans doute, comme le dit M. le Rapporteur, les prix des terrassements, des travaux d'art, des machines et du matériel étaient choses dès lors acquises, et une étude approfondie des devis eût révélé, dès cette époque, leur insuffisance sous ce rapport : mais pour cela il fallait du temps, et d'ailleurs il ne faut pas oublier que cette étude ne laissait pas que d'être difficile, puisque le Gouvernement, disposant des lumières de ses ingénieurs, affirmait à cette époque même la parfaite exactitude des devis, et qu'il paraît que l'auteur du projet la soutient encore aujourd'hui.

En outre, il ne faut pas oublier, et à ce sujet il y a erreur dans le rapport, qu'à cette époque on ne savait pas et même on ne pouvait prévoir à quel point s'élèveraient les augmentations résultant, pour les indemnités de terrains, des prétentions exagérées des propriétaires et de la faiblesse des jurys d'expropriation, attendu qu'alors les décisions de ces jurys n'avaient pas encore été prononcées pour les Chemins de Versailles dans les parties du moins où l'exagération des indemnités s'est élevée le plus haut.

§. II. *Insuffisance des devis de l'avant-projet.*

Cette insuffisance des devis de l'avant-projet porte sur les articles suivants :

1°. Acquisitions de terrains.
2°. Terrassements.
3°. Ouvrages d'art et souterrains.
4°. Voie de fer.
5°. Matériel.

1°. *Acquisitions de terrains.*

Le prix moyen de l'hectare de terrain est porté à l'avant-projet à 7,777 fr. Dans notre devis le prix moyen de l'hectare est, pour la ligne principale, de 10,086 fr. pour la voie seulement : ce prix diffère notablement du prix de l'avant-projet, et cependant il n'est relatif qu'aux terrains du Chemin proprement dit et ne comprend pas les terrains beaucoup plus chers des stations, tandis que le chiffre de 7,777 fr. du devis de l'Administration s'applique en partie à ces stations, attendu que l'emplacement de la plus grande partie d'entr'elles n'y a pas été distingué des autres terrains.

Ce prix moyen de 10,086 fr. résulte d'ailleurs d'appréciations extrêmement rigoureuses faites avec le plus grand soin, et, pour une portion de la ligne, d'estimations faites pièce par pièce, et par des hommes de la localité.

2°. *Terrassements.*

Le prix moyen appliqué au cube total des terrassements de l'avant-projet, et comprenant fouille, charge et transport, est de 0 fr. 77 c.

Dans notre projet détaillé, ce prix moyen s'élève à 1 fr. 50 c.

Si, dans la première évaluation du mois de décembre 1838, ce prix a été porté à 1 fr. 60 c., cette différence tient à ce que le tracé modifié donne lieu à des distances de transport moins grandes que celles de l'avant-projet.

C'est donc maintenant le prix de 1 fr. 50 qu'il faut comparer avec celui de 0 fr. 77 c. déduit de l'avant-projet.

Le prix de 0 fr. 77 est trop faible, ce qui provient : 1°. de ce que l'auteur du projet n'a porté terme moyen que 0 fr. 39 c. pour le prix de la fouille et charge, y compris la plus-value pour terrains marneux, prix insuffisant pour un Chemin de fer dont les grandes tranchées sont le plus souvent pratiquées dans le rocher ; 2°. et surtout de ce que l'auteur, en estimant les frais de transport, a supposé qu'ils se feraient tous par chemin de fer et les a portés invariablement au prix de 4 c. $\frac{1}{2}$ par mètre cube transporté à 100 mètres, sans observer d'une part que le transport par chemin de fer ne peut s'appliquer qu'aux grandes distances, surtout quand les quantités sont petites, et d'autre part qu'il y a pour chargement ou attelage et pour déchargement une perte de temps considérable et variable avec la distance.

D'après cela, il était indispensable d'établir de nouveaux prix comprenant les variétés de fouille et de transport, ainsi que les pertes de temps dont on vient de parler.

Ce n'est point, comme le dit le rapport, par la comparaison des chiffres des Chemins de fer de Paris à Saint-Germain et à Versailles que les ingénieurs de la Compagnie ont évalué les prix de terrassements et de transports.

Deux moyens plus sûrs ont été employés pour arriver à la détermination de ces différents prix, avec toute l'exactitude possible.

Le premier a été la comparaison des divers sous-détails en usage dans les travaux publics pour les localités traversées par le Chemin de fer ;

Le deuxième, la comparaison de plusieurs soumissions présentées à la Compagnie par des entrepreneurs de terrassements.

De cette manière, on a été conduit à substituer au prix de 0 fr. 39 c., porté à l'avant-projet pour fouille et charge, les prix moyens de 0 fr. 60 c. pour la première section, et de 0 fr. 45 c. pour la deuxième :

A porter de o fr. 45 c. à o fr. 5o c. le prix du transport de 1 mètre cube à 100 mètres sur chemin de fer provisoire :

A ajouter en sus o fr. 3o c. pour perte de temps.

On a dû adopter aussi pour les petites distances les transports à la brouette et les transports par tombereaux.

Pour la brouette, ce prix est de o fr. 10 c. par relais.

Pour les tombereaux, o fr. 10 c. par chaque mètre cube transporté à 100 mètres, et o fr. 40 c. pour le temps perdu pendant la charge.

Tels sont les éléments qui ont conduit au prix moyen de 1 fr. 5o c. au lieu de o fr. 77 c., déduit de l'avant-projet.

On trouve, page 15 du rapport, que des hommes compétents ont déclaré que, sur une grande ligne, l'estimation de 1 fr. 60 c. par mètre cube de terrassement était exagérée. Il est difficile de comprendre comment des hommes compétents auraient pu hasarder une opinion sur ce sujet, quand on songe combien le prix moyen du mètre cube de terrassements peut varier d'un chemin à l'autre avec la nature des terrains et la distance des transports.

3°. *Ouvrages d'art et souterrains.*

Le rapport de la Commission ne parle pas des ouvrages d'art. Cependant nous croyons devoir justifier ici l'augmentation d'un quart qu'on a faite dans la première évaluation du mois de décembre 1838, et qui se trouve à très peu près vérifiée dans notre devis définitif.

Cette augmentation portait moins sur les prix des ouvrages de maçonnerie que sur le plus grand nombre de ponts qu'il faudra construire sur tout le développement du Chemin de fer, pour satisfaire aux exigences des communes et faciliter l'exploitation des propriétés. Les études faites sur le terrain ont en effet démontré que de Paris à Blainville, sur une longueur de 3o lieues, il faudra établir. . 288 ponts.

Tandis qu'il n'en a été prévu dans l'avant-projet que. . 195

De sorte que, sans tenir compte des exigences qu'on ne peut prévoir, la différence serait de. .. . . 93 ponts.

Relativement aux souterrains, des études spéciales ont été faites, dans plusieurs hypothèses, sur la nature du terrain, et ont conduit à un prix moyen de 1,000 fr. par chaque mètre de longueur de percement, tandis que le projet de l'Administration ne l'évaluait qu'à 800 fr.

4°. *Voie de fer.*

Le prix moyen de la voie de fer, d'après le devis de l'Administration, est de 38,819 fr. par kilomètre de simple voie.

Dans notre devis nous avons porté ce prix à 46,720 fr.

Cette augmentation provient de ce que le poids des rails et chairs était trop faible, de ce que le prix des chevilles était compté seulement au prix des rails, tandis qu'il est de plus de moitié en sus, enfin de ce que l'auteur du projet n'avait tenu compte, ni du transport sur la ligne, ni du sable qui est nécessaire pour asseoir la voie, quoique, pour cet article de dépense, il n'eût pas porté de somme à valoir.

5°. *Matériel.*

L'auteur du projet n'avait évalué le matériel que pour la ligne principale seulement; nous ne comparerons donc à ses évaluations que le matériel qui nous paraît nécessaire pour cette ligne, déduction faite de celui des trois petits embranchements.

Nous croyons qu'il faut 110 locomotives au lieu de 73 portées au projet. Leur prix n'a été porté qu'à 25,000 fr. l'une, tender compris, tandis qu'elles nous coûteront environ 50,000 fr.; un peu plus pour celles achetées en Angleterre, un peu moins pour celles qui seront fabriquées en France.

Le nombre de diligences nécessaire sera d'environ 250 au lieu de 130 porté au projet; leur prix n'a été évalué par ce projet qu'à 4,000 fr. l'une, tandis que nous croyons, d'après l'expérience des autres chemins, qu'elles nous coûteront 4,000, 6,000 et 8,000 fr., suivant leur classe.

Enfin, nous avons réduit de 590 à 400 le nombre des wagons, qui seront presque tous employés sur la ligne principale, mais nous avons dû porter leur prix de 800 à 2,500 fr. l'un.

§. III. *Devis des ingénieurs de la Compagnie.*

En décembre 1838, lorsque la Compagnie nous a demandé une évaluation des dépenses à faire pour l'exécution du Chemin, nos études ne faisaient que commencer, de sorte qu'à l'exception de la voie de fer et du matériel, pour lesquels un devis exact et détaillé a pu être dressé, nous n'avons pu, pour le reste de l'estimation, faire qu'une chose : appliquer des prix convenables aux quantités du projet de l'Administration.

C'est cette application de prix qui nous a conduits au chiffre de 146,152,746 fr. qui, comme on le voit, n'est pas à proprement parler un devis, n'étant pas le résultat d'un projet complétement étudié.

Lorsque nos études ont été terminées sur toute la ligne, c'est-à-dire au commencement de juin, nous avons pu dresser un devis complet et en arrêter le chiffre. Ce travail nous a conduits au total de 123,500,000 fr., qui a été communiqué à la Commission, et qui est mentionné par M. le Rapporteur.

Ce devis, qui comprend les frais d'administration, mais non les intérêts, se rapporte à un projet conforme aux prescriptions du cahier des charges avec quelques différences, cependant, comme emploi de pentes de $4\frac{1}{2}$ et de courbes de 600 m. de rayon là où le cahier des charges autorise seulement des pentes de $5\frac{1}{4}$ et des courbes de 1,000 m.

Nous avons dit ensuite que ce chiffre pourrait se réduire à celui de 104,000,000 fr. dans le cas seulement où la pose de la deuxième voie serait ajournée sur toute la ligne au-delà de Rouen, et où, en outre, la Compagnie obtiendrait la liberté illimitée des pentes et emploierait dans tous les cas les pentes les plus fortes, contrainte qu'elle serait d'augmenter ses frais d'exploitation, afin de se renfermer dans les limites d'un capital social insuffisant.

M. le Rapporteur a comparé avec raison ces divers chiffres au montant du capital social pour apprécier le *maximum* et le *minimum* de la différence; mais ce qu'il a peut-être eu tort de faire, c'est de comparer ces divers chiffres à l'estimation de l'auteur du projet, attendu qu'en agissant ainsi, il a comparé deux choses qui ne sont nullement comparables, c'est-à-dire un projet à pentes très faibles, à courbes de grand rayon et à double voie, avec un projet dont les pentes seraient très fortes, les courbes de petit rayon, et qui n'aurait le plus souvent qu'une voie. C'est pourtant cette comparaison qui a amené M. le Rapporteur à ne trouver entre nos évaluations et celles du projet qu'une différence *minimum* de 24 millions.

Une dernière observation est encore à faire à l'égard de la comparaison des dépenses de l'avant-projet avec notre devis.

D'après le rapport de la Commission, l'avant-projet aurait fixé la largeur du chemin à 7 m. 50 dans les parties en levée et 7 m. 10 dans les tranchées, les rochers, les souterrains et entre les parapets de ponts. Ces dimensions ne sont point exactes. M. Defontaine, du moins d'après son projet imprimé, a calculé son tracé sur une largeur de 7 m. 50 en levée et en tranchée, et ses souterrains sur une largeur moyenne de 7 m. 40.

Le cahier des charges ayant fixé ces largeurs à 8 m. 30 pour les parties en levée, et 7 m. 40 pour les tranchées et les souterrains, il s'ensuit que l'augmentation de dépenses ne porte que sur les parties en levées, et qu'au contraire le projet du cahier des charges est un peu plus économique que celui de M. Defontaine dans les tranchées.

D'ailleurs l'augmentation de dépenses provenant de cette différence est moins considérable que ne semble le penser M. le Rapporteur. Elle n'a été évaluée qu'à 2,500,000 f. dans la supposition du tracé primitif, et les améliorations apportées dans le nouveau tracé atténuent encore cette faible différence.

§. IV. *Considérations diverses.*

1°. *Développement des travaux.*

M. le Rapporteur pense que l'incertitude de la continuation au-delà de Pontoise empêcherait la Compagnie de développer ses travaux sur une grande échelle.

C'est là une erreur : pour faire huit lieues de chemin de fer il faut à peu près un aussi grand développement de moyens que pour un Chemin plus étendu.

La station même de Paris ne présenterait pas de difficulté, attendu que, comme le travail des stations doit toujours être commencé le dernier, l'avenir définitif du Chemin serait sans doute fixé avant le commencement des travaux de construction de cette station.

La Commission admet de même qu'un plus grand développement d'activité déployé sur toute la ligne dès le commencement de 1840 suffirait aisément pour regagner le temps perdu pendant les six mois qui vont s'écouler.

Mais la Commission oublie que, si la loi est rejetée, la Compagnie actuelle se dissout, et que toute Compagnie nouvelle qui la remplacerait même immédiatement, devrait employer environ une année en études et en formalités d'enquêtes avant d'arriver au point d'avancement où nous sommes maintenant. Ce serait donc au moins dix-huit mois de perdus, si ce n'est davantage.

Quant aux différences pouvant résulter dans l'exécution des travaux, de l'incertitude de leur continuation, il est bon de faire l'observation suivante :

Le chemin arrive à Pontoise en remblai afin de pouvoir traverser l'Oise sur un pont assez élevé au-dessus du niveau des eaux; si le chemin devait s'arrêter à Pontoise, on modifierait un peu son tracé et on le ferait arriver dans cette ville en un point plus central et au niveau du sol, ce qui économiserait quelques centaines de mille francs.

Il est évident que l'exécution doit être faite en vue de ce prolongement, et cette différence sera ainsi en quelque sorte une garantie de plus pour la continuation de la ligne.

2°. *Prétentions des Compagnies de Saint-Germain et de Versailles.* (Rive droite.)

Sur les allégations des Compagnies de Saint-Germain et de Versailles, la Commission a admis qu'il pourrait y avoir convenance pour la Compagnie du Chemin de fer de Paris à la mer, et peut-être même intérêt public à ce que ce chemin vînt, provisoirement du moins, s'embrancher près des Batignolles sur le Chemin de Saint-Germain, afin de lui emprunter sa station, ses ateliers de réparation et même son matériel et son personnel : elle a admis en outre que cet embranchement était prévu par le projet primitif de M. Defontaine et que c'était dans cette prévision que le niveau de cette entrée avait été rigoureusement prescrit, et dans cet espoir que cette entrée avait été faite à quatre voies.

Quelque naturel que soit le désir des deux Compagnies de Saint-Germain et de Versailles de répartir sur un plus grand nombre de chemins leurs frais généraux, afin d'en diminuer l'influence, la prétention dont il s'agit ici ne peut soutenir le plus léger examen.

Nous ignorons si les projets primitifs ont été rédigés dans la prévision de cet embranchement, et si pour ce motif la cote de nivellement du Chemin de Saint-Germain à son entrée dans Paris a été prescrite par l'Administration, mais ce qu'il y a de certain, c'est que si cette idée a fait partie des premiers projets de M. Defontaine, il n'en reste aucune trace dans les projets plus étudiés qui ont été imprimés et distribués et qui ont servi de base à la concession, et qu'elle n'a nullement été reproduite dans la discussion qui l'a précédée ; et que d'ailleurs si les quatre voies de l'entrée ont été établies pour cette éventualité, elles ont été appliquées depuis au service du Chemin de fer de Versailles et ne sont que suffisantes pour l'exploitation des deux chemins qui aboutissent maintenant à la station de la place de l'Europe.

Voilà pour le droit, examinons les avantages :

Les stations de la place de l'Europe et de la rue Saint-Lazare ne peuvent se prêter à cet embranchement ni par leur position, ni par leur développement, ni par leur matériel.

Cette position, près des plus beaux quartiers, peut être favorable pour deux chemins destinés seulement à des voyages de plaisir, mais son éloignement des quartiers du commerce et des affaires la rend peu propre à desservir un chemin commercial. L'emplacement choisi au haut du faubourg Poissonnière pour servir de station d'arrivée au Chemin de fer de Paris à la mer est beaucoup plus favorable, car il est beaucoup plus près des quartiers Montmartre, Saint-Denis et Saint-Martin dans lesquels est concentré le commerce, et il est aussi près au moins des quartiers habités par les voyageurs.

Sous le rapport du développement, la station de la rue Saint-Lazare n'est pas encore établie; mais il est impossible, à moins de dépenses excessives, qu'on la développe sur une échelle suffisante pour l'exploitation simultanée de plusieurs grandes lignes, attendu d'une part que les terrains y sont extrêmement chers, et en partie bâtis, et de l'autre part que cette station sera en remblais considérables, c'est-à-dire fort élevée au dessus du sol, ce qui augmentera énormément les frais d'établissement sous le triple rapport des terrains, des terrassements et des maçonneries, et de plus présentera pour les marchandises surtout plusieurs difficultés d'exploitation à cause des différences de niveau.

La station de la place de l'Europe est en grand déblai, c'est-à-dire profondément encaissée dans le sol, de sorte qu'elle présente les mêmes inconvéniens.

Si maintenant on compare à cela l'emplacement destiné à notre station, on verra que le chemin y arrive au niveau du sol et sans rencontrer une seule maison, au milieu d'un terrain extrêmement vaste, dont le prix est comparativement peu élevé; de sorte que, eu égard à la fois à sa position et aux facilités de son établissement, la station d'arrivée du Chemin de fer de Paris à la mer, telle qu'elle est fixée par la loi de concession peut être regardée comme étant, sans aucun doute, la meilleure de toutes les stations de chemins de fer qui pourront jamais s'établir à Paris.

Voyons maintenant si, quoique défavorable à l'exploitation, cet embranchement pourrait procurer une économie.

Le rapport de la Commission dit qu'en empruntant la station de la Compagnie de Saint-Germain, la Compagnie de Paris à la mer pourrait économiser, pour travaux dans Paris, plus de 5 millions. Or, pour dépenser 5 millions à la station de Paris, il faudrait lui donner environ 10 hectares de développement valant 2,000,000 fr., des bâtiments pour 1 million et demi, et y comprendre l'atelier de réparation qui coûterait 1 million et demi.

C'est en effet à peu près ce qu'il faudrait dépenser pour donner à cette station et à cet atelier l'importance nécessaire pour l'exploitation de toute la ligne de Paris au Havre et à Dieppe, embranchements compris ; la dépense ne serait pas de moitié s'il ne s'agissait que de l'exploitation de Pontoise. Si on voulait rendre les stations de la rue Saint-Lazare et de la place de l'Europe, et les ateliers des Batignolles, propres à l'exploitation soit de la ligne entière, soit de Pontoise seulement, il faudrait y faire, pour agrandissement, une dépense plus considérable peut-être que celle qu'il faudrait faire pour créer la station du faubourg Poissonnière et les ateliers qui en dépendraient.

L'économie de 5 millions serait donc au moins réduite à néant.

La Commission admet en outre qu'une partie du matériel et du personnel de Saint-Germain et de Versailles pourrait, par suite de l'exploitation au moyen de la même gare, servir à la Compagnie du Chemin de Paris à la mer, attendu que les trois quarts de ce matériel et de ce personnel sont nécessaires à ces Compagnies le dimanche seulement, et disponibles pendant le reste de la semaine.

Il est difficile de comprendre cet argument, à moins qu'on ne veuille admettre que pour le plus grand avantage des Compagnies de Saint-Germain et de Versailles, la Compagnie du Chemin de Paris à la mer ne doive interrompre son service le dimanche, tandis qu'au contraire, pour l'exploitation de Saint-Denis et de Montmorency, elle sera elle-même obligée, comme Saint-Germain et Versailles, d'avoir pour le dimanche, un matériel spécial qui sera tout-à-fait en dehors des besoins ordinaires de la semaine.

Les Ingénieurs chefs de service,

FRISSARD, BINEAU, VIRLA.

Paris, le 1er juillet 1839.

Vu, le Directeur-général par intérim,

LEBOBE.

www.ingramcontent.com/pod-product-compliance
Ingram Content Group UK Ltd.
Pitfield, Milton Keynes, MK11 3LW, UK
UKHW022223070726
13613UKWH00004B/1857